AF611226

ENCYCLOPÉDIE-RORET.

# NOUVEAU MANUEL COMPLET

DU

# TOURNEUR.

ATLAS

DU TOME 3 SUPPLÉMENTAIRE.

PARIS.

LIBRAIRIE ENCYCLOPÉDIQUE DE RORET,

RUE HAUTEFEUILLE, 10 BIS.

## …RÉES, PAPIERS MARBRÉS, CRAYONS.

…, l'introduction de ces impres-
…et dont l'invention est due à
…trie n'est pas restée station-
…ichtenberg a promp-
…qu'on a pu s'en assu-
…de ce genre qui ont
…les papiers mar-
…succès en France,
…de connaît ces excel-
…s prix modiques et qui
…s architectes, les ingé-
…e remarqué à l'exposition
…eaucoup d'artistes se sont
…rt agréables, et enfin des
…sinateurs sur bois et
…de ses heureux tra-
…épare de nouveaux pro-
…ce.

…(E DE),

## …IRES, ETC.

…tion de la *Librairie*,
…elles publications qui
…lot frères, et qui
…sont représentés
…forment à eux
…emarquable, c'est
…matériel, le pro-
…les caractères
…et la reliure
…l'exposition
…de l'exécu-
…ittéraire des
…e la France
…retremper
…i juste,

…nt à
…enri-

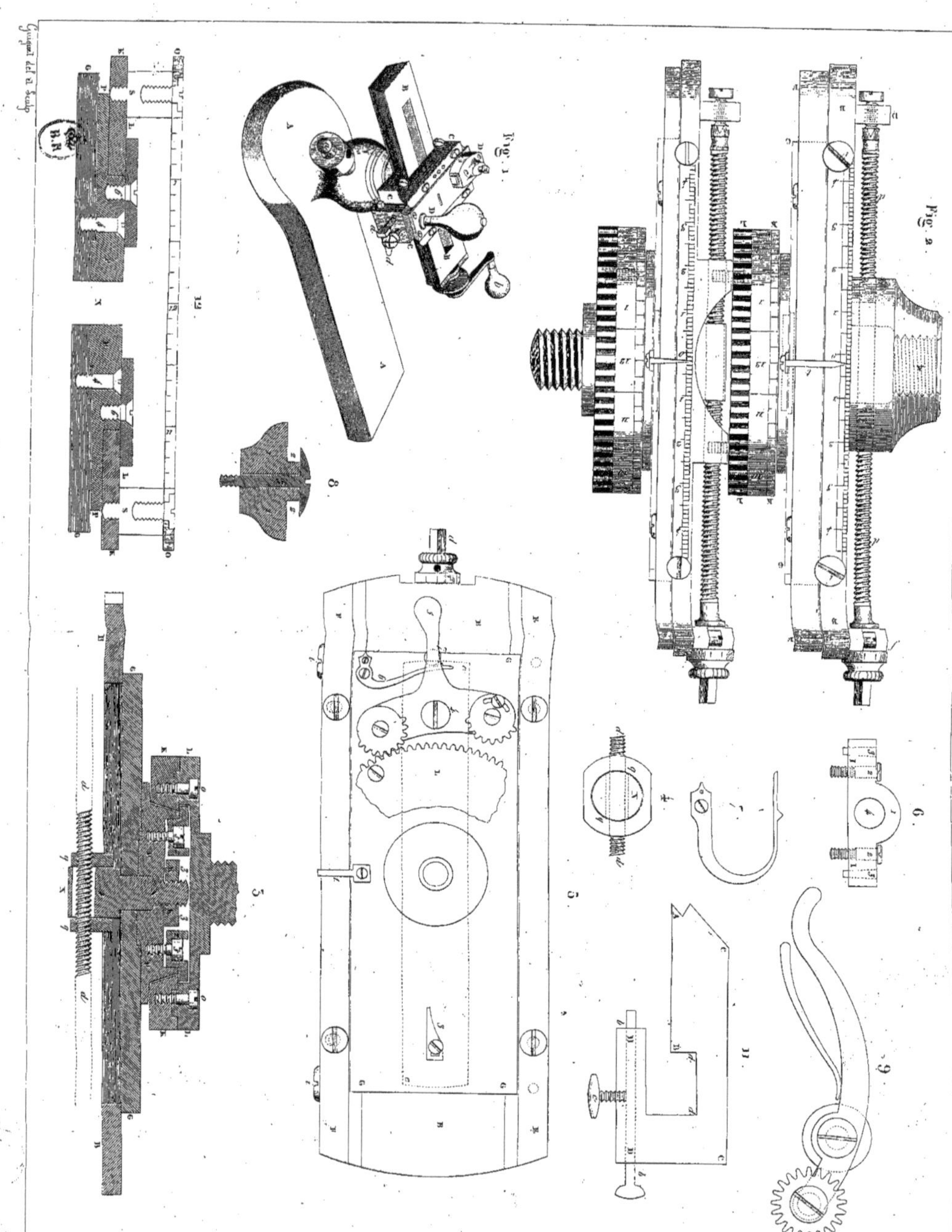

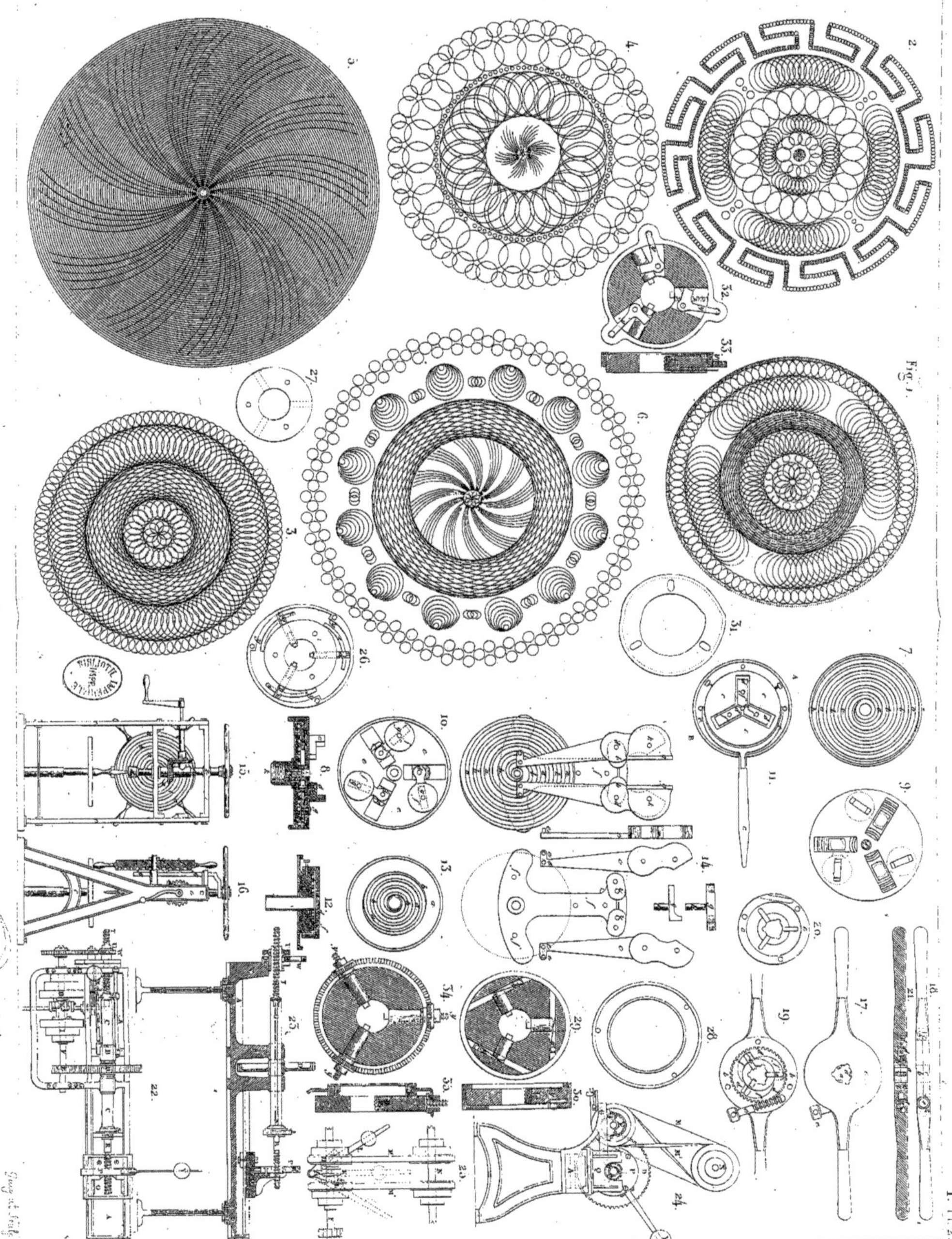

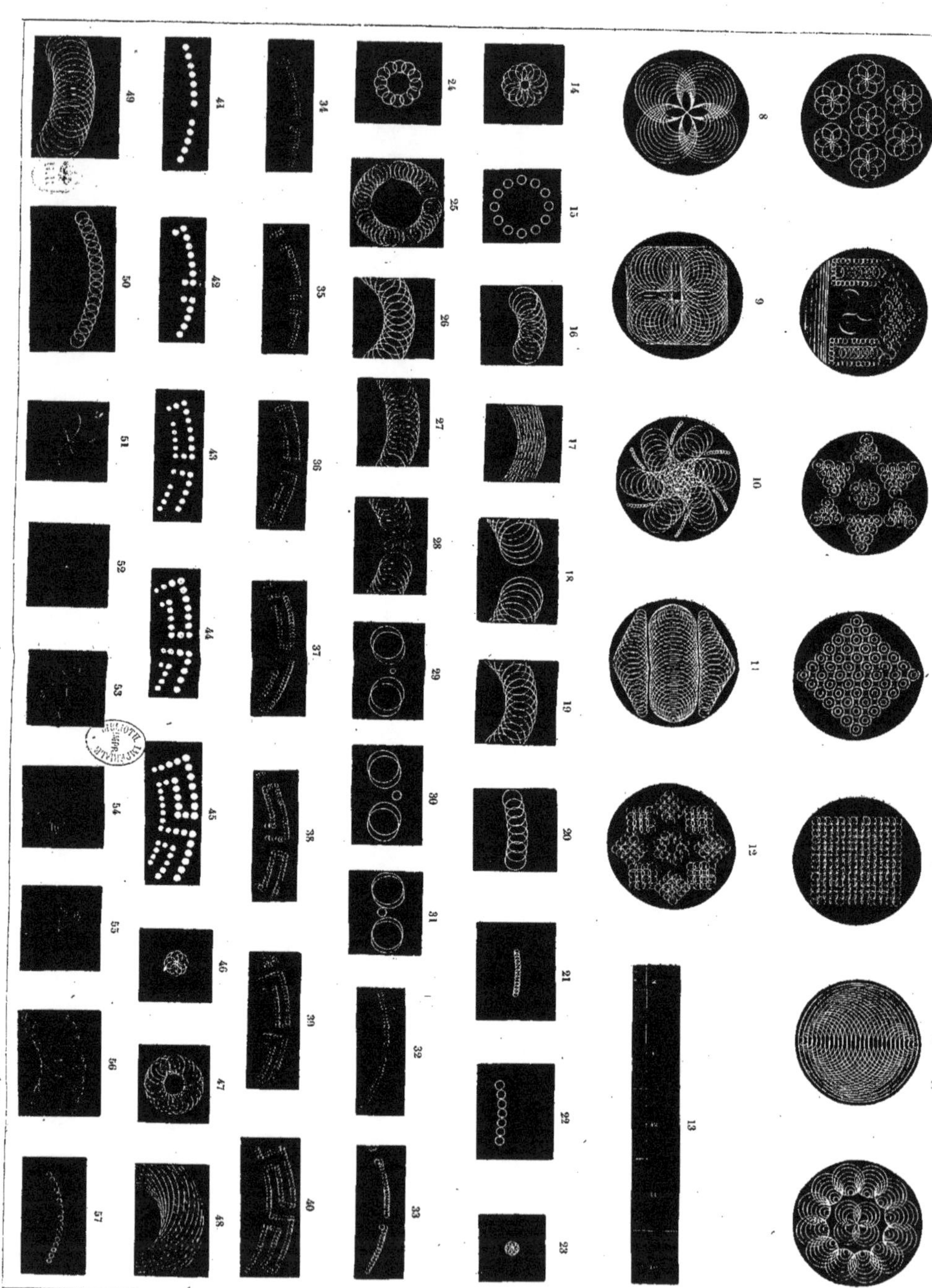

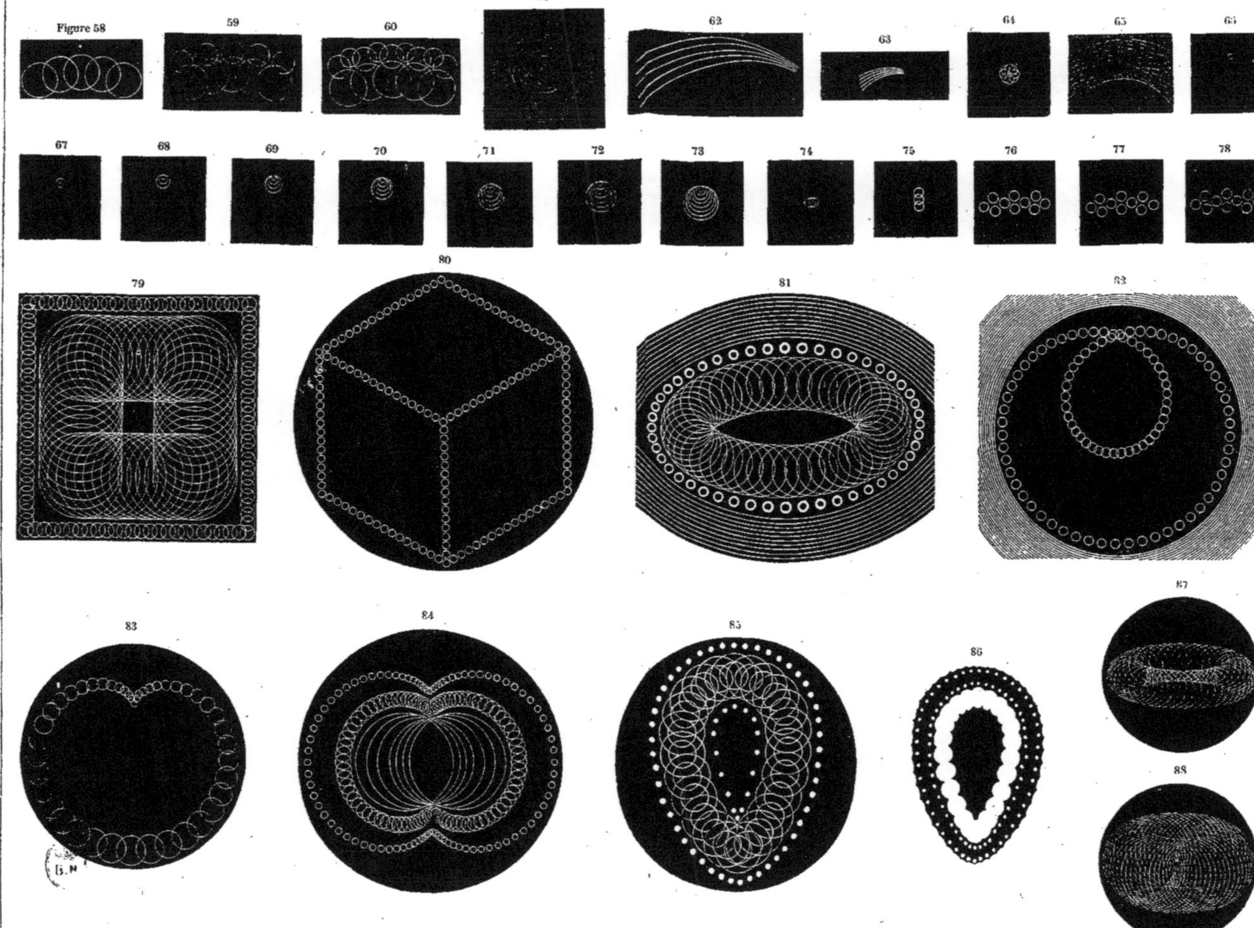
Figure 58
59
60
61
62
63
64
65
66
67
68
69
70
71
72
73
74
75
76
77
78
79
80
81
82
83
84
85
86
87
88

95
96
97
98
99
100
101
102
103
104
105
106
107
108
109
110
111
112
113
114
115
116
117
118
118 bis.
119

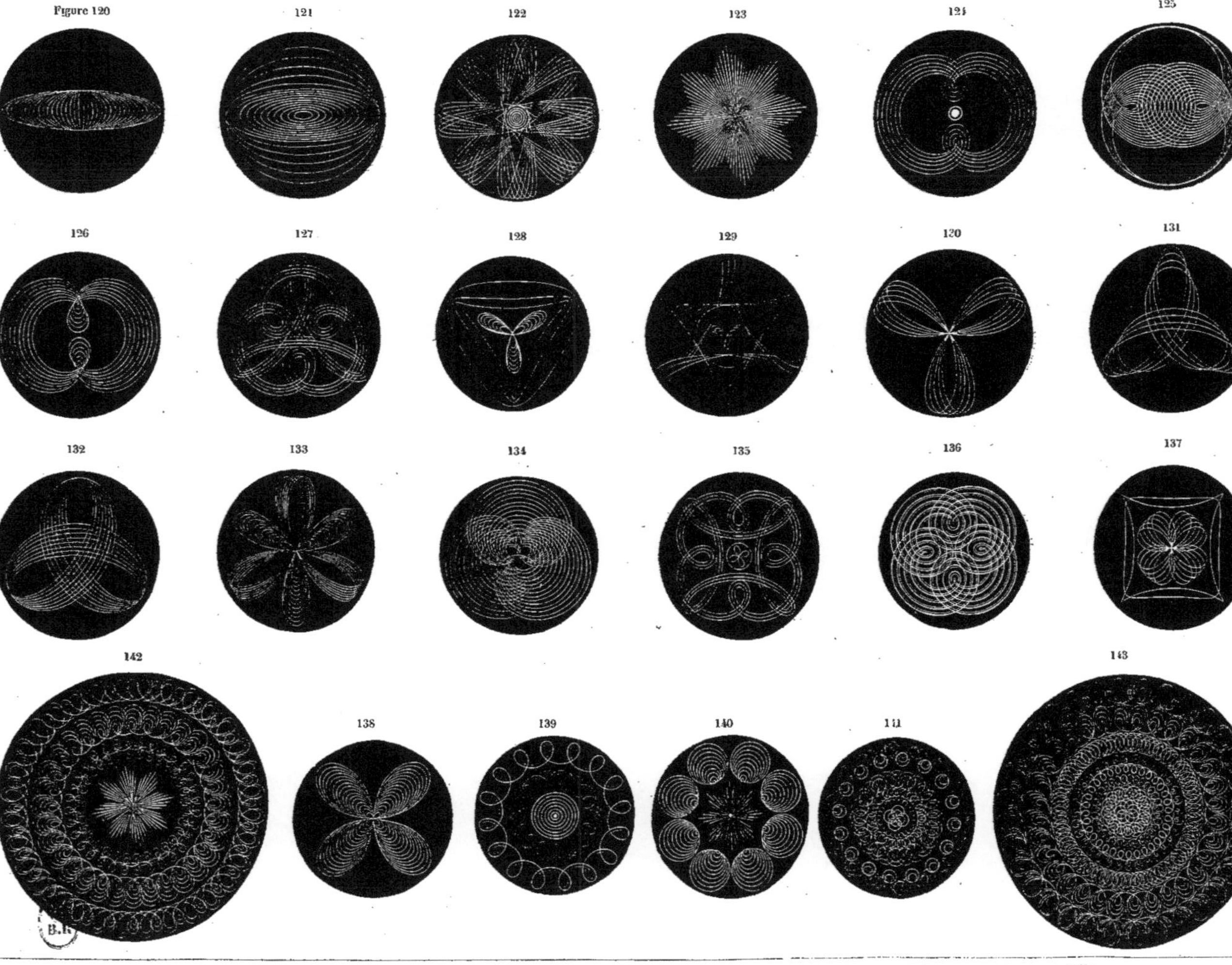
Figure 120
121
122
123
124
125
126
127
128
129
120
131
132
133
134
135
136
137
142
138
139
140
111
143

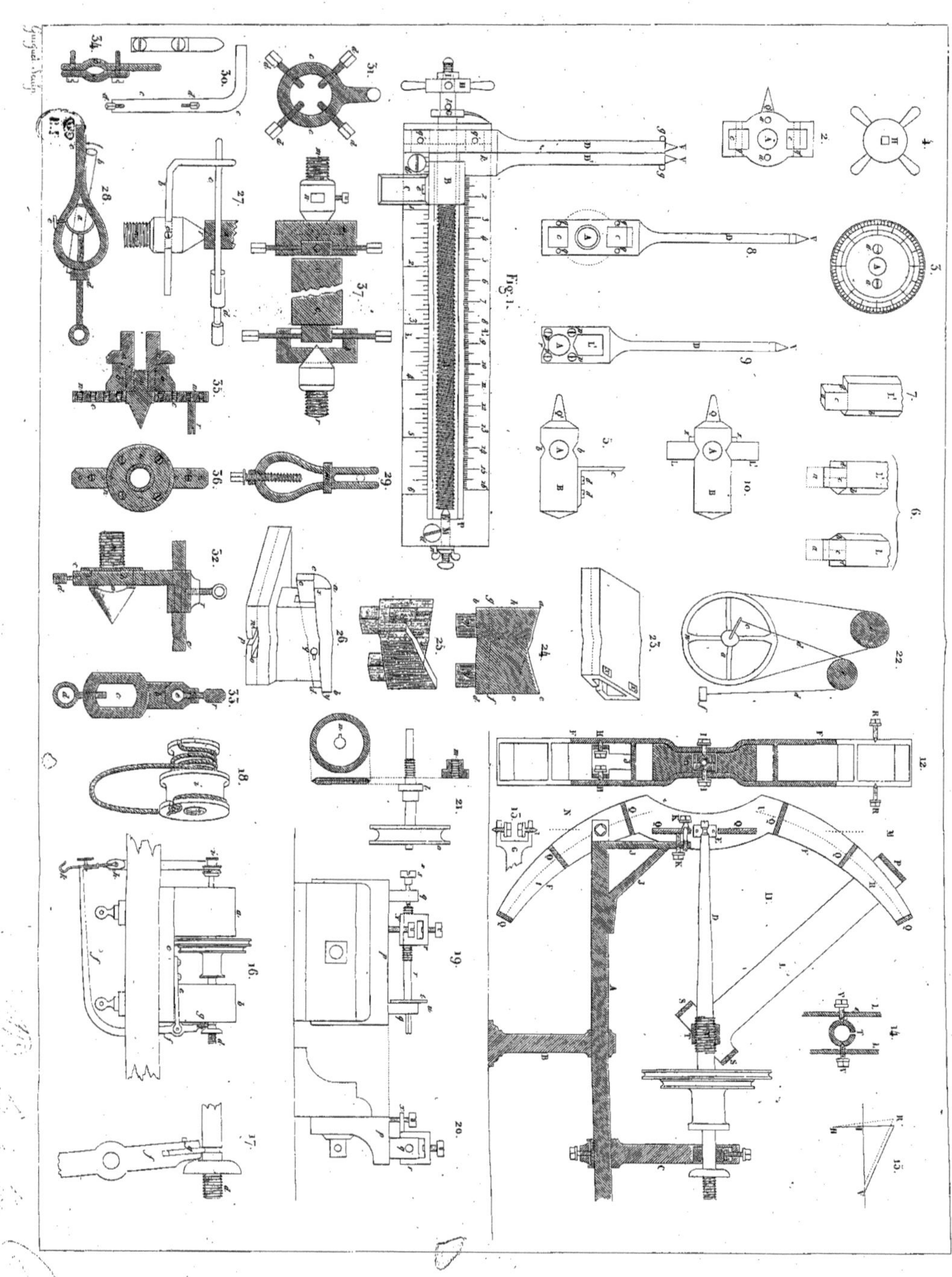

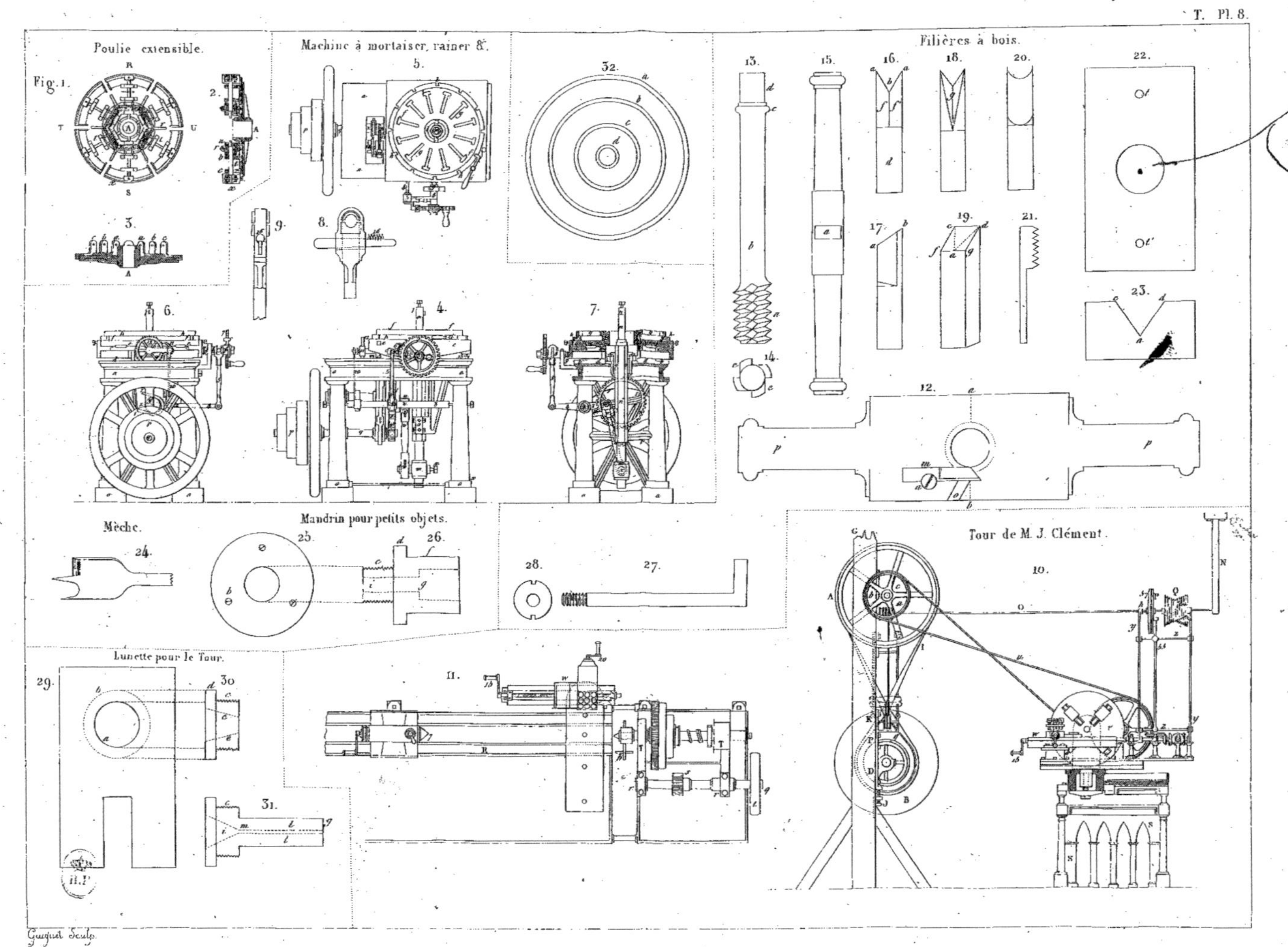


Guiguet Sculp.

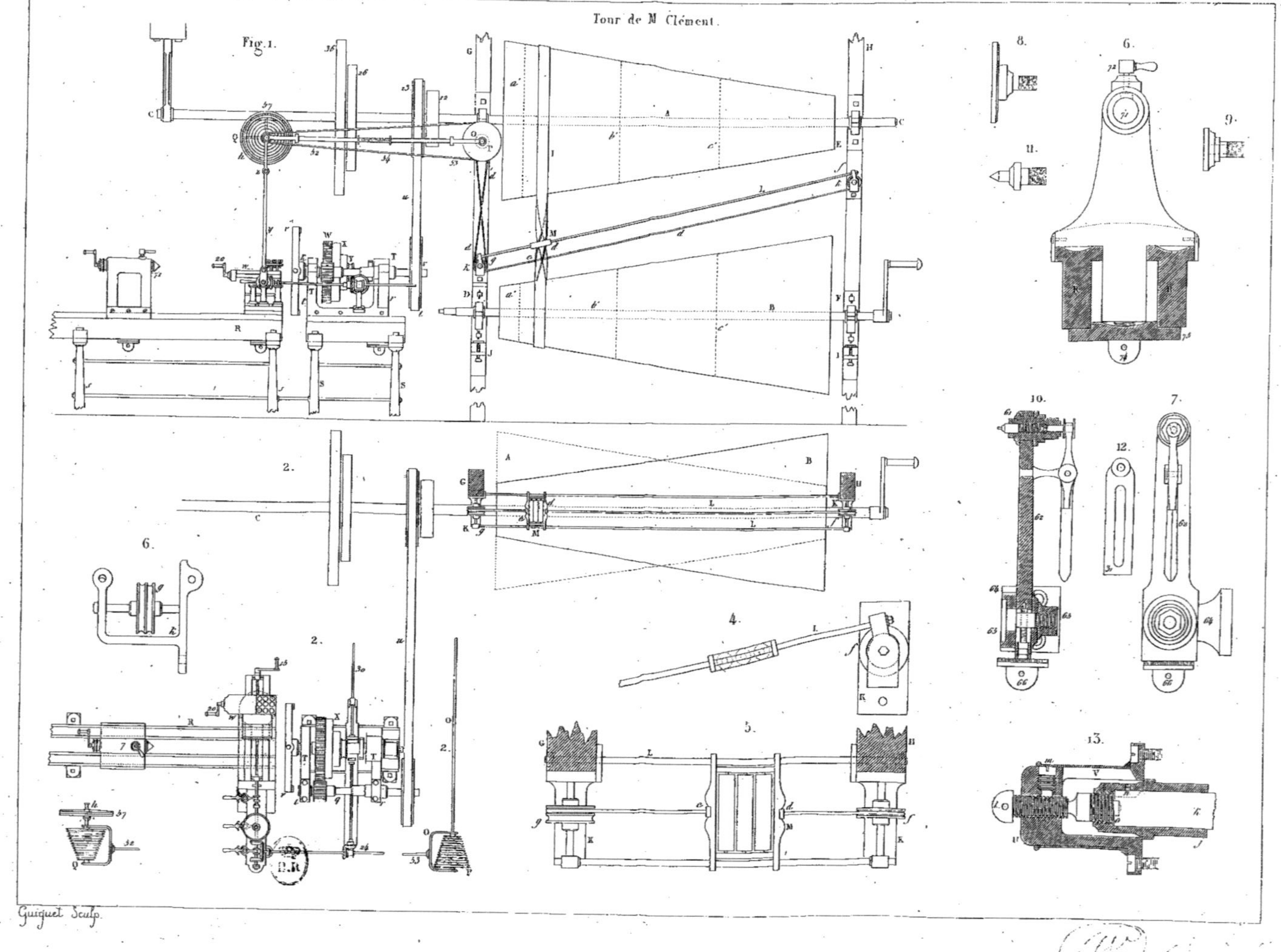

Tour de M. Clément.
Fig. 1.
2.
3.
4.
5.
6.
7.
8.
9.
10.
11.
12.
13.
Guiguet Sculp.

T. Pl. 10.

Tour de M. Clément.
Fig. 1.
2.
3.
4.
5.
6.
7.
8.
9.
10.
11.
12.
13.
14.
15.
16.
17.
18.
19.
20.
21.
22.
23.
24.
25.
26.
27.
28.
29.
30.
31.
32.
33.
34.
Guiguet Sculp.

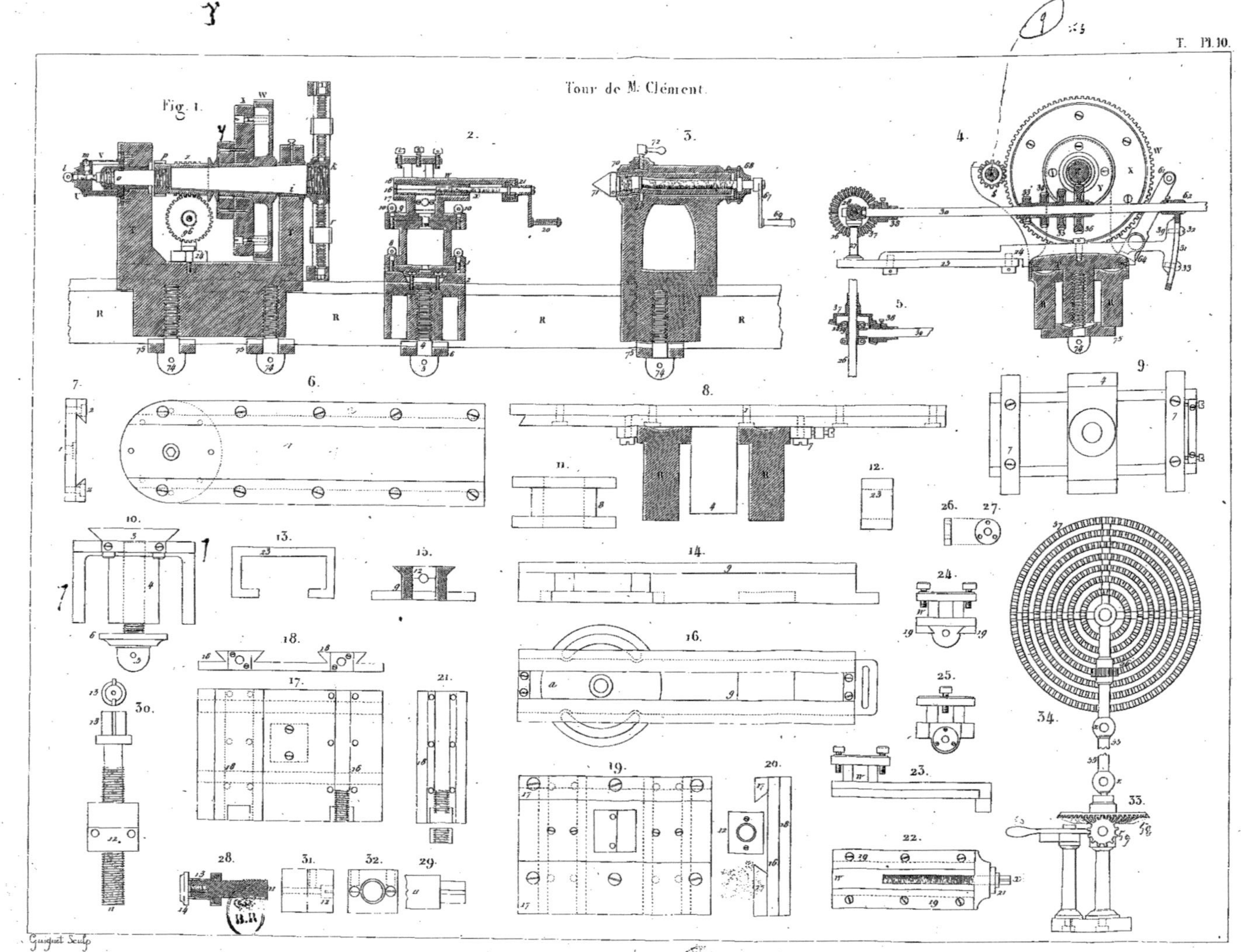

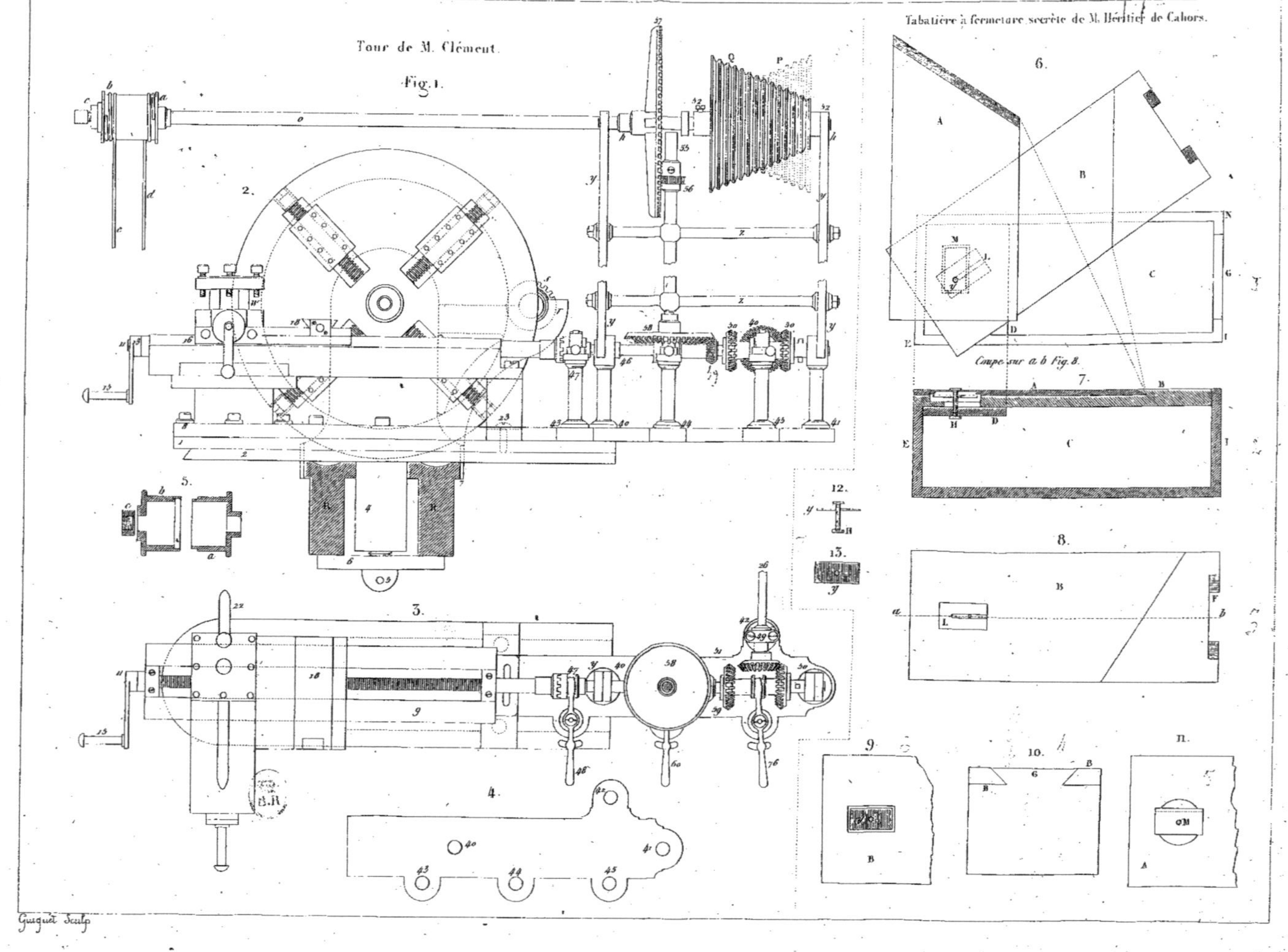
Tour de M. Clément.
Fig. 1.
2.
3.
4.
5.
Tabatière à fermeture secrète de M. Héritier de Cahors.
6.
Coupe sur a b Fig. 8.
7.
8.
9.
10.
11.
12.
13.
Guiguet Sculp.

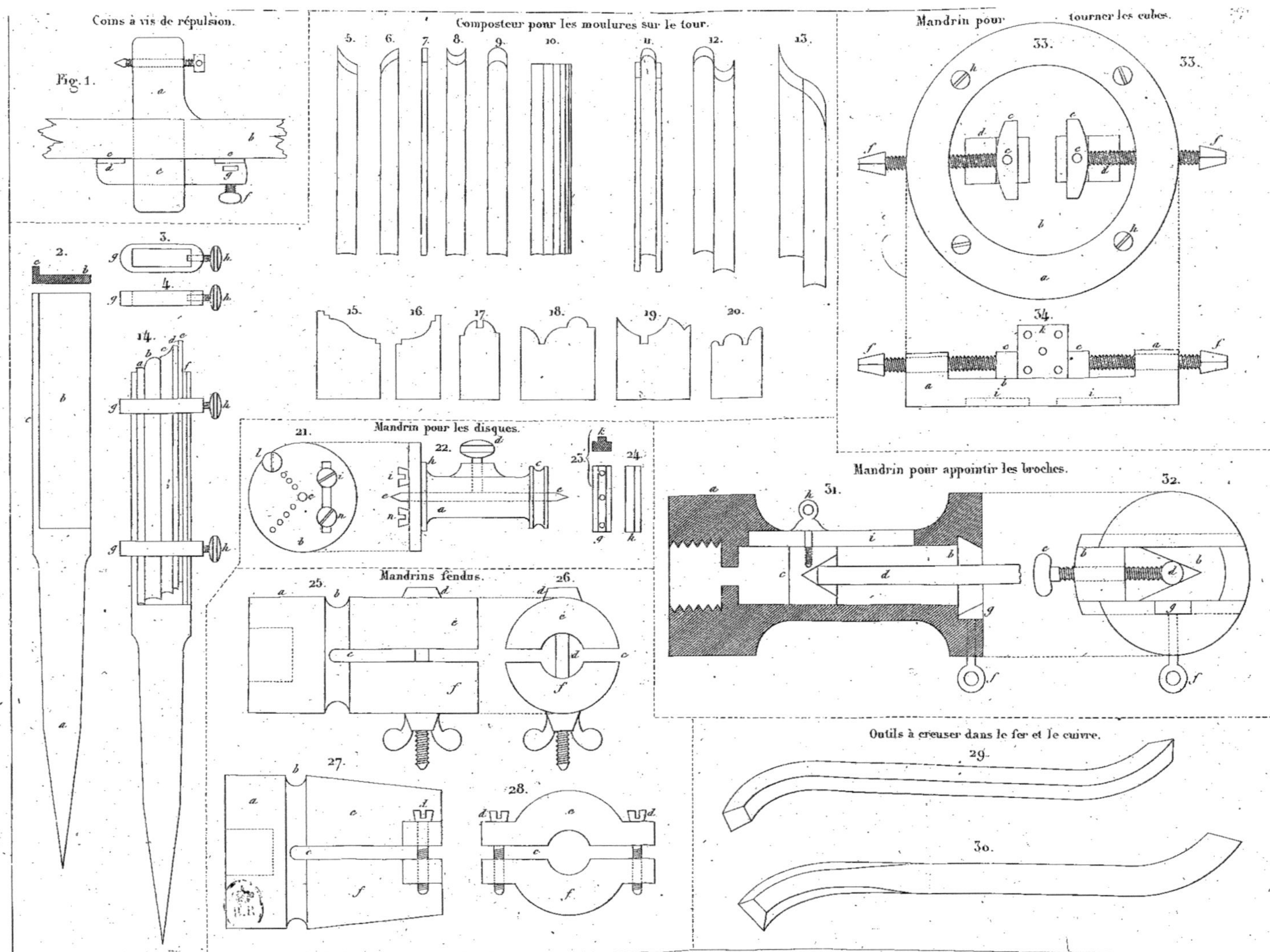
Coins à vis de répulsion.
Fig. 1.
Composteur pour les moulures sur le tour.
Mandrin pour tourner les cubes.
33.
34.
Mandrin pour les disques.
21.
22.
23.
24.
Mandrins fendus.
25.
26.
27.
28.
Mandrin pour appointir les broches.
31.
32.
Outils à creuser dans le fer et le cuivre.
29.
30.

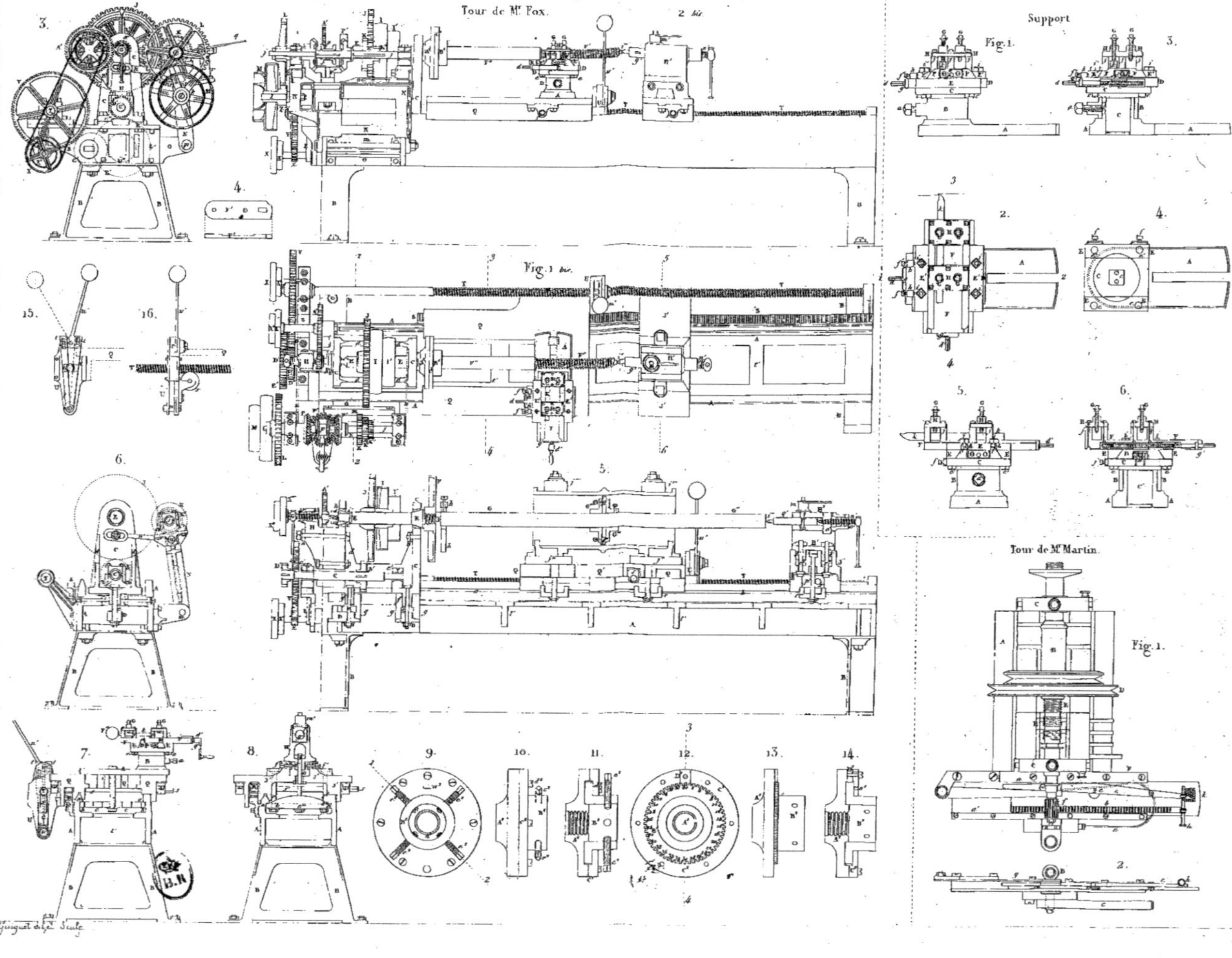

Tour de Mr Fox.
2 bis.
Fig. 1 bis.
Support
Fig. 1.
Tour de Mr Martin.
Fig. 1.
Guiguet del. et Sculp.

www.ingramcontent.com/pod-product-compliance
Ingram Content Group UK Ltd.
Pitfield, Milton Keynes, MK11 3LW, UK
UKHW020354250726
13967UKWH00005B/2284